Sobrevive al Coronavirus

Manual práctico actualizado con las Técnicas Holísticas más efectivas a nivel mundial.

Msc. Mary Rondón

Sobrevive al Coronavirus

Manual práctico actualizado con las Técnicas Holísticas más efectivas a nivel mundial.

Msc. Mary Rondón

Published by The Little French eBooks

Art Cover by The Little French eBooks

Copyright 2020- Mary Rondón

All rights reserved. No part of this book may be used or reproduced in any manner whatsoever without written permission, except in the case of brief quotations embodied in critical articles or reviews.

Mary Rondón
RESUMEN CURRICULAR

Mary Alejandra Rondón Morocoima, Mujer medicina, Profesional egresada de la Universidad de los Andes con mención *Cum Laude* en Nutrición y Dietética, con estudios de Maestría en Salud Pública por la UNESCO y Maestría en Acupuntura, Bioenergética y Moxibustión egresada con mención honorífica de la Escuela de Salud Herencia Luminosa. Técnico Especializado en Therapeutic Massage Performance del Centro Profesional de Masajes Terapéuticos Kardemg, avalado por Healing Arts Center St. Louis Missouri-USA. Pinealista del Método Cyclopea de la Organizacion Fresia Castro. Coach Ontológico Profesional Mención Neurociencias y Programación Neurolinguistica. Otros estudios de post grados en: Gerencia Pública, Avances en Gestión Empresarial, Docencia en Educación Superior, Técnicas de Negociación y Resolución de Conflictos, Planificación Estratégica y Nutrición Infantil. Experto Internacional en Restauración Bioenergética por la Asociación Española de Acupuntura. Especialista en alimentación humana, evaluación, tratamiento y control de todo tipo de patologías asociadas a la malnutrición por exceso o déficit mediante el manejo integral del paciente. Redactora de columna informativa "A toda vibra" para el programa Radial Grada Popular por la emisora 91.5 FM. Directivo Docente de Therapets. Experiencia sólida y conocimientos especializados en gerencia de servicios de alimentación como: comedores universitarios, comedores privados y programas sociales de atención alimentaria. Desempeño en áreas gerenciales de planificación, coordinación, supervisión y evaluación de programas sociales alimentarios implementados a nivel de comunidades escolares y no escolares. Experiencia de más de 20 años en terapéutica aplicada de medicina integrativa y complementaria.

Correo electrónico: marymoro1209@gmail.com
IG: @maryalemor
FB: Yo Soy Paciente de Mary Rondón
FB: A toda vibra!

"A la madre naturaleza, quien cada centenar nos recuerda nuestra verdadera función en este plano... Despertar!"

PRÓLOGO

Los coronavirus son una amplia familia de virus que normalmente sólo afectan a los animales. Algunos tienen la capacidad de transmitirse de los animales a las personas. Hoy por hoy, el virus tiene un origen desconocido, aunque existe la posibilidad de que la fuente inicial pueda ser algún animal, ya que los primeros casos se detectaron en personas que trabajaban en un mercado donde se vendían animales salvajes. Muy probablemente es una zoonosis, la transmisión de un virus que pasa de un animal a un ser humano. Actualmente, la transmisión es efectiva de persona a persona por vía respiratoria y por contacto. Probablemente el contagio requiere un contacto cercano (1-2 metros de distancia) y relativamente prolongado en el tiempo. Producen cuadros clínicos que van desde un resfriado común hasta enfermedades más graves, como ocurre con el coronavirus que causó el síndrome respiratorio agudo grave (SARS-CoV) y el causante del síndrome respiratorio de Oriente Medio (MERS-CoV). El coronavirus puede causar diversos síntomas, como neumonía, fiebre, dificultad para respirar e infección pulmonar y angustia respiratoria.

La Organización Mundial de la Salud (OMS) utilizó el término nuevo coronavirus 2019 para referirse a un coronavirus que afectó el tracto respiratorio inferior de pacientes con neumonía en Wuhan, China, el 29 de diciembre de 2019. Precisamente a fines de diciembre de 2019, los pacientes que presentaban neumonía viral debido a un agente microbiano no identificado fueron reportados en Wuhan, China. Posteriormente se identificó un nuevo coronavirus como el patógeno causal, denominado provisionalmente nuevo coronavirus 2019 (2019-nCoV). La OMS anunció que el nombre oficial del nuevo coronavirus 2019 es enfermedad por coronavirus (COVID-19).

A partir del 29 de enero de 2020, se confirmaron más de 2000 casos de infección por Covid-19, la mayoría de los cuales involucraron a personas que viven o visitaron Wuhan, y se ha confirmado la transmisión de persona a persona. Ya para el 29 de marzo de 2020 la OMS reporta 634.835 personas contagiadas confirmadas y 29.957 muertes con 200 países que reportan por lo menos un contagiado y la reiteración de estado de Pandemia.

La mayoría de los contagios se producen a partir de pacientes sintomáticos (que ya muestran síntomas de estar enfermos) aunque no se descarta el posible contagio en casos asintomáticos y en período de incubación.

En ese sentido inmediatamente ante el origen de una epidemia local, la Organización Mundial de la Salud y los entes locales iniciaron una serie de protocolos oficiales para ayudar a difundir las medidas de protección de la población ante el posible contagio, dentro de esas, se cuentan:

- Lavarse las manos frecuentemente con agua y jabón (mínimo durante 20 segundos) o con soluciones alcohólicas, especialmente después de estar en contacto con personas enfermas o su entorno.
- Evitar tocarse los ojos, la nariz y la boca con las manos sucias
- Evitar el contacto con personas que muestren signos de afección respiratoria, como tos o estornudos.
- Evitar compartir comida, utensilios (cubiertos, vasos) y otros objetos sin limpiarlos correctamente.
- Mantener una distancia de dos metros aproximadamente con las personas que muestran síntomas.

- Taparse la boca y la nariz con pañuelos desechables o con la cara interna del codo en el momento de toser o estornudar y lavarse las manos seguidamente.

- Lavar y desinfectar frecuentemente los objetos y las superficies.

- Si la situación es más grave y considera que requiere una atención sanitaria, puede llamar a su centro de atención primaria.

Pero al pasar de los días nadie se esperaba ni se imaginaba lo que realmente sucedería nivel epidemiológico en el Mundo, una pandemia comenzaba a surgir con la ferocidad de un monstruo silencioso, nuestro enemigo no es visible y así mismo, no sabíamos a qué enfrentarnos, miles de personas caían en las calles, sin asistencia ni remedio y posteriormente los centros de salud, no se dieron a vasto para poder atender a todos los enfermos, lo cual se tradujo en un aumento desmesurado de la mortalidad el virus, que luego llenó los cementerio y hasta los centros deportivos en muchas naciones para "apilar" cadáveres infectados.

Muchos países han llorado desde sus casas a familiares y amigos, conocidos y compañeros de vida, sin poderles brindar el último adiós, así de cruel ha avanzado el COVID-19 en nuestro plano.

Ante esta inesperada evolución epidemiológica, donde ningún país, ni ente mostró estar preparado para su diagnóstico, detección, tratamiento y control, quedamos al descubierto, y por ley Universal de correspondencia surge el principio de la solidaridad, y todo Ser humano puso sus conocimientos al servicio para ayudar a contrarrestar, desde cualquier campo del conocimiento, esta pandemia.

La segunda de las Leyes Universales, la Ley de correspondencia afirma que hay una correspondencia total entre los tres planos: físico, mental y espiritual y a grandes males, grandes soluciones… y para grandes soluciones todos debemos estar alineados y unidos. Y entiéndase todos, a todos los que de una u otra forma intervenimos en mantener esos tres planos en bienestar y equilibrio.

"Existen varios planos de nuestro conocimiento, pero cuando les aplicamos el Principio de Correspondencia
podremos comprender mucho de lo que de otra forma permanecería oculto".

Los Hermetistas, consideraban que esta ley era uno de los instrumentos más importantes por los cuales una persona podía salvar los obstáculos y desvelar lo Desconocido. No existe separación ya que todo en el Universo se origina de la Única Fuente. La Ley de Correspondencia nos hace posible usar la razón y acceder de lo conocido a lo desconocido (22).

Y es que ya, la Organización Mundial de la Salud en el año 2017 había dado el primer paso al definir la salud como Salud *"es un estado de completo bienestar físico, mental y social, y no solamente la ausencia de afecciones o enfermedades"*, con esta definición surge formalmente, un nuevo campo la Medicina Integrativa y Complementaria.

Como principal ejemplo de esta complementariedad en el arte médico, surgen los resultados desde la propia China sobre las aplicaciones de la Acupuntura y la fitoterapia China como técnicas efectivas en la prevención, el tratamiento y control de la pandemia en muchos de los casos tratados.

En este libro encontraremos las recomendaciones más recientes no sólo respecto a la Medicina Tradicional China (MTC) sino las declaraciones más recientes de especialidades de la Medicina Integrativa y Complementaria como el Biomagnetismo, la Resonancia

Armónica, la Fitoterapia, la Nutrición Ortomolecular y las técnicas de diversas terapias holísticas para el manejo de la cuarentena y el coronavirus, siendo entonces ésta, la guía más actualizada y completa muestra una imagen holística e integral de las recomendaciones actuales en respuesta al brote de COVID-19.

Para la Medicina Integrativa el conjunto de tratamientos, están enfocados a la atención del cuerpo físico, pero también a esos cuerpos energéticos, emocionales y mentales que todos tenemos, es por ello que encontraras, como se explican y se direcciona a la aplicación diferentes técnicas de acción holística en esta cuarentena, que puedes abordarlos tú mismo y alcanzar tú equilibrio, dándole un giro a la situación y asumir, con toda la responsabilidad del caso, estos días como *una valiosa oportunidad de introspección y encuentro contigo mismo con tu yo interno, con la Divinidad y con el TODO, porque ya somos reconocidos como seres integrales, donde física, mental y socialmente requerimos alinear nuestro bienestar para manifestar, salud.*

De este modo, se compilaron los últimos aportes en el campo del Biomagnetismo, la Fitoterapia, la Helioterapia, Resonancia Armónica, Sonoterapia con los Solffegios, Digitopuntura, Restitución de la Malla Electromagnética,

Terapia de Reconexión, Alimentación, Reflexión en Cuarentena e incluso la Meditación. Un aspecto muy detallado que se aborda es, la Quelación con Vitamina C y evidencias con resultados positivos en pacientes contagiados y personas que no se han contagiado. La utilización de las bondades de la Vitamina C como agente quelante de los radicales libres presentes en nuestro organismo y responsables de muchos desórdenes de salud y sus sorprendentes y reconocidas aportaciones en el campo del tratamiento efectivo el COVID-19.

Y en cuanto a la Medicina Tradicional China (MTC), se exponen las pautas expresadas por el grupos de expertos en consenso desde China, para la aplicación por personal debidamente entrenado y certificado para ello; ya es bien conocido que la MTC, ha adquirido abundante experiencia en el tratamiento de enfermedades infecciosas durante miles de años con experiencia con todo tipo de enfermedades infecciosas y ha sido empleada anteriormente con tratamientos efectivos para el Síndrome Agudo de Respiración (SARS) y el Síndrome Respiratorio el Medio Oriente (MERS). Aquí encontraremos el protocolo de la MTC usa actualmente como un amplio tratamiento para combatir el Covid-19. Hasta ahora, la mayoría de los estudios se han centrado en la epidemiología y las posibles causas. Sin embargo, la medicina china no debe estar ausente en el frente de batalla contra el nuevo coronavirus que nos afecta.

Y para los médicos y terapeutas de las distintas especialidades de la Medicina Integrativa, constituye una valiosa oportunidad, el reconocer a nivel mundial la efectividad de una de nuestras técnicas como la Acupuntura y la fitoterapia, ya que cuando se trata de identificar, prevenir y combatir una enfermedad, el enfoque de la Medicina Tradicional China y de la Medicina Integrativa en sí, es distinto al occidental: *"La enfermedad no existe, existe un desequilibrio que se cronificó y manifiesta la enfermedad"*.

Bajo esta perspectiva, analicemos... entonces, *la pandemia llegó a este nivel porque todos éramos un caldo de cultivo para la misma... y, ¿qué nos hizo llegar hasta aquí...?* sería la pregunta a realizarnos.

Y más allá, de ese análisis introspectivo, el, ¿cómo podemos revertir esa condición y predisposición...?

Aquí es donde el tiempo de despertar y concebirnos como seres realmente holísticos, es el momento de volver al origen, de permitir reencontrarnos, de volver a lo natural, a lo ancestral a lo que nos resuena en nuestro interior como seres de luz que somos.

Es ahí donde la Ley de Correspondencia, manifiesta su poderío, y nos hace develar lo desconocido y ponernos a salvo. Adentrémonos en este viaje para utilizar las herramientas y los secretos mejor guardados en este surgimiento de la ***Integración De La Medicina Sanadora***, que siempre han sido tan poco difundidas y hasta burladas, es nuestro momento de demostrar que las Leyes Universales nos asisten, y que la Ciencia Médica siempre ha sido parte integrante de la Ciencia Divina y Ancestral.

Hoy, en tributo a todos nuestros maestros, ***¡decimos PRESENTE!*** y damos un paso al frente, en amor, en conocimiento, en mística, en luz, en verdad y en conexión divina, para lograr en quien nos escuche, crear bienestar y generar el equilibrio que mantenga a raya esta pandemia, haciendo nuestro el derecho divino de expresarnos con consciencia en este plano donde TODOS SOMOS UNO.

Aho!
Mary Rondón.

Coronavirus y Biomagnetismo

Según el Dr. Isaac Goiz Durán, creador del par biomagnético y sus últimas declaraciones sobre el COVID-19, publicada el 09 de marzo del 2020 en las redes sociales y en canales de youtube, ningún virus es mortal incluyendo el coronavirus, se conocen sus cepas desde el año 2000 y ya muchas personas lo han padecido.

De hecho, según palabras del Dr. Goiz Durán, ningún virus por si solo es mortal, ni siquiera el virus del HIV, simplemente al asociarse con otras patologías su poder se incrementa y puede producir la muerte. En el caso del coronavirus, se tienen estudios confirmados sobre su asociación con el *Bacilo pertusis*, lo que antes era conocido como tosferina comúnmente, y que desde el siglo pasado cobró mucha importancia junto con la tuberculosis.

El Dr. Goiz, afirma haber trabajado en el Instituto de Neumología de su país de origen, México, estas patologías han sido muy bien tratadas. Irónicamente refiere, que en los años 70´s un genio de la Medicina Alopática, clausuró todos los hospitales para enfermos tuberculosos y pulmonares y se creó hasta 1980 el Instituto Regional de enfermedades respiratorias.

"Hablar de la respiración, pues es un tema muy amplio, pero nunca comparado con la neumología, que trata sobre toda la patología pulmonar". (10)

Goiz, además afirma que, en el caso del Coronavirus, ha sido estudiado desde el punto de vista bioquímico y biológico, pero no energético y obviamente si se asocia con el *Bacilo pertusis*, se vuelve mortal, pero al quitar uno de los elementos patógenos, puede perder su efecto, de ahí, la eficacia del biomagnetismo y el par biomagnético en el tratamiento del coronavirus. Incluso, afirma que el hecho de llamar al virus COVID-19, es un elemento distractor para los médicos y científicos, en su tratamiento y enfoque, que debe ser llamado por lo que es: **coronavirus**.

Para el científico creador del par biomagnético, el coronavirus no es una nueva cepa, todos los virus son iguales de una cepa o de otra, y gracias a la bioenergética, cualquier virus sea de una cepa o de otra, puede ser detectado, rastreado, tratado y superado.

Dentro del protocolo de atención del par biomagnético, afirma el Dr. Goiz, que ya existe uno para el tratamiento efectivo del coronavirus, *siendo el par uretra - uretra* y en la uretra lo único que se produce trastornos de la uretra, como cistitis y enfermedades del tracto urinario final.

"Haciendo hincapié, en que los virus lo único que producen es inflamación y fiebre, pero asociados a otras entidades patógenas, se vuelven mortales". (10)

Visto desde la visión del Dr. Goiz, el verdadero peligro del coronavirus es su asociación a otros entes patógenos, en este caso, al *Bacilo pertusis*. Del mismo modo, el científico afirma, que, bajo los protocolos de acción en la bioenergética del biomagnetismo, no es necesario estar frente al paciente para poder tratarlo y mejorar su condición de salud en incidir de forma beneficiosa en su evolución, ya que a distancia se puede realizar este tipo de terapias con alto poder de efectividad y eficacia. Ya hay casos tratados a distancia, a través del uso de la telebioenergética principalmente.

"Con telebioenergética, solo se requiere alguna identificación del paciente para proceder a su tratamiento efectivo a distancia, pudiendo llegar hasta

cualquier parte el Mundo donde se encuentre el paciente".

Dentro de su experiencia, el Dr. Goiz afirma que existen otros pares biomagnéticos asociados y que pueden cooperar con el restablecimiento de la salud de los pacientes, incluso cuando haya afectación de cualquier otra bacteria que afecte las vías aéreas superiores que puede ser la tuberculosis, el *Streptococus fecalis*, sobretodo la tuberculosis, pero que, en cualquier caso, son tratables con biomagnetismo.

"Con el par uretra - uretra sana el paciente de coronavirus".

En su convicción, el Dr. Isaac Goiz Duran, creador del par biomagnético, hace un llamado desde México a todos los centros médicos y academias educativas para otorgar del derecho de la duda ante las terapias alternativas y complementarias en esta pandemia. (10)

El biomagnetismo como ciencia ha existido desde tiempos ancestrales, pero el mérito del Dr. Goiz, es haber hallado el par biomagnético que hace la resonancia en la malla electromagnética del cuerpo, de este modo se impacta cualquier padecimiento a través de dos cargas, el concepto se vuelve dual, y hasta ahora es, monopolar. He ahí la eficacia, ya que se intenta hacer ver que el coronavirus es una entidad aislada, pero realmente siempre se está asociada a alguna bacteria.

"Desde esta visión, habría que buscar a cuál bacteria se asocia y tratar la bacteria para que el virus pierda patogenicidad".

La bacteria a la que se asocia es la que le fabrica la mucoproteína que lo hace viable, pero en cuanto se detecte la bacteria, el virus también decae en su capacidad patógena. Todo virus requiere una bacteria, ya que es la mucoproteína de la bacteria, la que lo vuelve activo, así lo afirma y reconfirma el Dr. Isaac Goiz en su intervención. *"Los virus todos se componen de dos elementos un núcleo de ADN y una muco proteína que lo envuelve, esa mucoproteína la produce una bacteria, a la que el virus se asocia para sobrevivir. Si quitamos la bacteria, se deja de producir la mucoproteína y el virus queda desprovisto del uniforme que lo convierte en maligno".* (10)

"El COVID-19 puede ser detectado, tratado y eliminado con biomagnetismo y con telebioenergética sin importar el lugar, la distancia y el tiempo porque el fenómeno de acción es inmediato, no se debe temer podemos hacer frente a esta enfermedad". (10)

Ahora bien, yo, Mary Rondón, desde mi perspectiva y experiencia terapéutica añadiría a la recomendación el Dr. Goiz, incluir dentro del protocolo, como pares asociados los protocolos para el tratamiento de Angustia (hipófisis-supracilar / occipital –timo) y de la Ansiedad (mediastino-cerebelo) como complemento emocional de la terapia ya que la emocionalidad alterada puede enmascarar ciertos síntomas en el paciente, desviando la terapia o prolongando su eficacia. Y además la emocionalidad alterada puede incluso aperturar la vía de contagio e infección. Es menester recordar que este tipo de terapia es accesible a cualquier edad y condición del paciente, incluso su nivel de efectividad al realizar terapias a distancia por telebioenergética, es alto y su eficacia comprobable.

Coronavirus y Resonancia Armónica

Como un regalo a la humanidad la Dra. Fe María Vahlis y el Maestro compositor y arreglista Jorge Daniel Rojas han elaborado una composición en Frecuencia 528, reparadora de ADN, denominada del amor y los milagros.

En el Ser humano, esta frecuencia, produce serenidad y estimula al Sistema Nervioso Parasimpático, encargado de compensar el estrés, el miedo, la angustia, reparar daños celulares, fortalecer al Sistema Inmunológico, y evitar enfermedades y lo más importante: restituir la Salud. Se recomienda su escucha antes de dormir, en familia, en salas de emergencia y a cualquier hora. Lo han probado pacientes, ancianos y jóvenes, en hogares, armonizando ambientes, meditantes, etc., con mucho éxito. (11)

La resonancia armónica como terapia, es desarrollada en Venezuela, por la Dra. Vahlis, es la activación de la presencia del alma, para estimular en el paciente su capacidad de auto sanación, así lo dio a conocer en declaraciones emitidas, el 31 de mayo del 2016, donde lanza su terapia como programa de formación.

"El alma que es bienaventuranza, verdad, alegría y salud, estimula en el paciente las capacidades de sanar".
(12)

La ley universal, en que se basa esta terapia, incide en que la resonancia de dos cuerpos produce una vibración. En esta terapia estimulamos la consciencia del alma del terapeuta y esa consciencia vibra con el alma y la consciencia del paciente, estimulando la sanación del mismo lo que produce una ruptura de los núcleos y bloqueos interferentes que nos impiden que nos desarrollemos con salud.

Esos núcleos se producen por traumas físicos y emocionales de cómo vamos llevando la vida: si es con paz y aceptación o con rabias y rencores, todo ello se refleja en nuestro cuerpo como salud o enfermedad.

Visto desde esta aseveración de la Dra. Vahlis, venimos a ser los responsables de nuestra propia salud, porque estos núcleos cuando interpretamos de manera equivocada a la realidad forman parte de nuestro cuerpo e impiden que podamos tener salud. (12)

Estos núcleos se pueden manifestar en la cabeza, en el sistema inmunológico, en el sistema gastrointestinal, urinario, pueden aparecer después de fracturas, e incluso en casos de pandemias y a través de la terapia podemos identificar el núcleo original. Últimamente, estas terapias la dictan en auditorios cerrados, en cursos solicitados, sino en locaciones del planeta con altísima vibración, entonces,

"compartimos la vibración amorosa de la Tierra con nuestra propia sanación, nos sanamos unos a otros, sanamos a nuestros pacientes, se puede sanar a distancia y puede ser aplicada también a mascotas". (12)

Las bases de estas técnicas terapéuticas están en la musicoterapia, La medicina moderna considera que la música puede ser un poderoso agente sanador. Quizá, la musicoterapia o la sanación sonora serán la medicina del futuro. Desde hace mucho tiempo, la música ha sido considerada terapéutica. Desde la antigüedad, se ha utilizado en la curación de las personas.

El viejo Platón –tan viejo como Euterpe, la musa de la música– ya nos explicaba los distintos estados de ánimo que puede provocar la música en el hombre, y lo que él llamaba músicas positivas (que te hacen sentir activo, sereno, fuerte) y negativas (que provocan desánimo, temor y miedo). Entre los pueblos primitivos, las canciones y los instrumentos musicales como el tambor se usaban no solo para aumentar el efecto de las hierbas o las drogas, sino también como un **medio independiente de curación**. (23)

La gente pensaría que quizás escuchar música aumentaría los dolores de cabeza o las migrañas, pero en realidad puede ayudar a distraerte del dolor, [porque] tu cerebro no puede procesar esas dos cosas a la vez (...). Cuando tu cerebro está procesando música, está completamente involucrado. Las áreas claves que se ven involucradas son las del control y la ejecución de movimientos. Una de las hipótesis postula que esta es la razón por la que se desarrolló la música: para ayudarnos a todos a movernos juntos".

El área de la salud se vale de la música con el fin de mejorar, mantener o intentar recuperar el funcionamiento cognitivo, físico, emocional y social, y ayudar a lentificar el avance de distintas condiciones médicas. La musicoterapia, a través de la utilización clínica de la música, busca activar procesos fisiológicos y emocionales que permiten estimular funciones disminuidas o deterioradas y realzar tratamientos convencionales. Se han observado importantes resultados en pacientes con trastornos del movimiento, dificultad en el habla producto de un accidente cerebrovascular, demencias, trastornos neurológicos y en niños con capacidades especiales, entre otros, así lo afirma **Facundo Manes** es neurólogo y neurocientífico (PhD in Sciences, Cambridge University). Es presidente de la World Federation of Neurology Research Group on Aphasia, Dementia and Cognitive Disorders y Profesor de Neurología y Neurociencias Cognitivas en la Universidad Favaloro (Argentina), University of California, San Francisco, University of South Carolina (USA), Macquarie University (Australia) (23).

Ahora bien, desde mi perspectiva y experiencia terapéutica añadiría a la recomendación de la Dra. Vahlis para el tratamiento del coronavirus, incluir dentro del protocolo de escucha diaria, de sonidos con la frecuencia **741 Hz** ya que esta frecuencia, limpia la célula de toxinas. El uso frecuente de los 741 Hz lleva a una vida más sana y simple y también a cambiar la alimentación e ingerir alimentos no tóxicos. Así mismo, limpia la célula de diferentes tipos de radiaciones electromagnéticas. Otra importante aplicación de esta frecuencia sonora es limpiar infecciones por virus, bacterias u hongos. Este tono nos guía hacia una vida pura, estable y espiritual y deberá ser escuchado tres veces al día durante no menos de 21 días continuos.

Además de la incorporación en la escucha diaria, de música instrumental, del género de tu preferencia, o música netamente electrónica, podemos abrir nuestros sentidos y depurar nuestras conexiones infra y supra cerebrales con campos de mayor consciencia y elevación. Esta escucha y la resonancia vibratoria con estas frecuencias de los antiguos solffegios, será mucho más efectiva ya que no solo se trabaja a nivel de la acción musical en el cerebro, sino que al unirla con los solfeggios potenciamos los pulsos binaurales en el mismo, logrando efectos impresionantes y logrando alinear y equilibrar en cuestión de segundos, todos los cuerpos y centros energéticos del ser humano que los escucha, siendo este el campo de acción de la neurociencia aplicada.

Coronavirus y Fitoterapia.

La Sociedad Latinoamericana de Fitoterapia, ha publicado recientemente, un esquema preventivo natural frente al coronavirus COVID-19 al cual nos referimos a continuación.

Existen varios trabajos científicos con plantas medicinales que demostraron trabajar no solo desde la inmune-estimulación, sino también en el efecto inhibitorio sobre diferentes coronavirus. Es probable que estas plantas, tengan actividad también sobre esta mutación, ya que el nuevo coronavirus presenta mecanismos de invasión y multiplicación similares (NO IGUALES) a los anteriores.

"Además sabemos que hay gente que no ha sido contagiada por este virus, mientras que su vecino cercano sí lo estuvo. ¿Dónde radicó la diferencia? Sencillamente en la INMUNIDAD". (9)

A continuación, se menciona el esquema aportado por la Sociedad Latinoamericana de Fitoterapia, un esquema sencillo de 3 semanas para inmunoestimular bien el organismo, y combatir el ingreso del virus, del mismo modo y con la debida responsabilidad del caso, por cualquier duda, siempre se recomienda, consultar con su médico y/o farmacéutico.

Las bases de estas recomendaciones fueron aportadas por el Dr. Jorge R. Alonso, quien es Médico y Profesor en la Facultad de Medicina (Univ. Buenos Aires); Presidente de la Sociedad Latinoamericana de Fitomedicina y autor del libro: Fitofármacos y Nutracéuticos, quien solicita además hacer masivo este conocimiento.

Lo recomendado por la Sociedad Latinoamericana de Fitoterapia se describe a continuación:

1-EQUINÁCEA (*Echinacea angustifolia*): la tintura de equinácea genera un efecto inmunoestimulante y antiviral amplio, incluyendo cepas anteriores de coronavirus.

En adultos, se recomienda tomar 30 gotas, 3 veces al día en un poquito de agua (2-3 dedos horizontales). Se puede tomar en cualquier momento. No obstante, al ser una tintura alcohólica, conviene tomarla con algo en el estómago. Las cápsulas o comprimidos también sirven. Los niños entre 6 y 12 años pueden tomar 12 gotas, 3 veces al día. Niños entre 13 y 18 años: 25 gotas, 3 veces al día.

2-SAUCO *(Sambucus)*: la infusión de flores de sauco es altamente efectiva para el control de flemas bronquiales y catarros pulmonares. Efecto antiviral amplio, incluyendo cepas de coronavirus.

Se puede endulzar con miel (consultar esto los diabéticos). Hágalo su desayuno, merienda y después de cenar. Se recomienda tomar 2-3 tazas diarias.

3-PROPÓLEOS: este maravilloso compuesto eleva tu sistema inmunológico y los fortalece. Actividad antiviral amplia, con buena acción a nivel bucofaríngeo.

Ingerir de 2-3 caramelos diarios. Si no, granulado.

"En cuanto a la alimentación, debe ser muy rica en antioxidantes, ácidos grasos polinsaturados (de tipo Omega) y proteínas. Las legumbres, frutos secos, frutos violáceo-oscuros y las crucíferas nos darán un buen aporte de proteínas, ácidos grasos Omega y polifenoles". (7)

4-GINSENG *(Panax ginseng)*: Excelente inmunoestimulante en adultos. No está descrito por esta Sociedad Latinoamericana, pero si por la WFAS, Asociación Mundial de la Acupuntura, quienes tienen al ginseng como uno de los ingredientes principales en el tratamiento del coronavirus con alto nivel y efectividad en el protocolo aplicado en China.

Se pueden tomar 200-300 miligramos diarios. Se presenta en comprimidos o cápsulas. Los productos estandarizados de farmacia por lo general no traen problemas de hipertensión arterial (es a veces un efecto adverso que se señala). Si Ud. toma medicación antihipertensiva, consulte con su médico y/o farmacéutico.

5-AJO *(Allium sativum)*: Inmunoestimulante y antiviral. Puede ser fresco o añejado. En cualquiera de sus presentaciones también sirve. Ingerir 2 dientes diarios con las comidas. Mejor aún, existen comprimidos de ajo desodorizados, que pueden incluirse perfectamente (dos diarios). Personas con tratamiento de anticoagulantes, deberán consultar con su médico.

6-CÚRCUMA *(Curcuma longa)*: En los comercios se venden cápsulas o comprimidos de cúrcuma. Pueden ingerirse dos diarias (una después de cada comida). El mejor resultado se obtiene con productos que tienen incorporado el pimiento negro, que ayuda a biodisponibilizar mucho mejor los curcuminoides.

7-AMINOÁCIDOS: Un reciente reporte del 2020 menciona que el consumo de determinados aminoácidos (taurina, creatina, carnosina, anserina y 4-hidroxiprolina) eleva el sistema inmunitario y combate la presencia de virus, incluyendo coronavirus.

La taurina mejora la función cerebral y ayuda digestión. La podemos encontrar disponible en la carne, pescado, huevos y leche.

La creatina también se encuentra presente de forma natural en alimentos como la carne (fundamentalmente en el pescado: ejemplos son el arenque y el salmón), los productos lácteos y el huevo. Puede encontrarse en algunas verduras, pero en cantidades muy pequeñas.

La carnitina se encuentra presente en alimentos, aunque en muy baja proporción. Las principales fuentes naturales son las carnes (principalmente las rojas), pescados y lácteos.

Algunos de los alimentos en los que se pueden encontrar serina en mayores cantidades son: Origen animal: carnes, pescados, lácteos, huevos. Origen vegetal: legumbres, semillas, vegetales y cereales integrales.

La 4-hidroxiprolina, este aminoácido no esencial se encuentra principalmente a nivel óseo, en los huesos, en el tejido conectivo. Básicamente está presente en el colágeno y en las paredes de las células vegetales.

"todas estas medidas no evitan que el virus ingrese en su cuerpo, pero lo que sí ayudarán es a quitarle "poder de fuego" y reducir las complicaciones y peligrosidad que trae consigo e incluso hacerle inmune al mismo". (7)

8-PROBIÓTICOS: Fundamentales en la inmunidad del colon. Se puede incorporar el Kefir (un vaso diario en ayunas) o cápsulas con lactobacilos (una diaria). Recordemos que el kéfir puede ser consumir en base a leche o incluso los fermentos a base de piña, los cuales se pueden adaptar pero que al regular el peristaltismo intestinal y la cantidad de prebióticos a nivel intestinal potencian en gran medida, la respuesta inmunológica del organismo.

9-JUGOS VERDES EN AYUNAS: Los jugos verdes vegetales (hechos con extractor) tomados a la mañana, son una excelente oferta de antioxidantes y polifenoles. Los hongos medicinales (shiitake, maitake, reishi, coriolus) pueden incluirse en forma de ensaladas.

Se puede incorporar todo lo indicado y si no está en sus posibilidades inmediatas, puede hacer la mayor parte que se pueda. *Al menos la equinácea, sauco, probióticos y ginseng no deberían faltar.* Para los menores de 5 años, embarazadas, deberán consultar con su profesional de la salud tratante ya que, ante el coronavirus, son grupos de poco riesgo al momento, sin embargo, muchas de estas recomendaciones pueden ser incorporadas, tales como el ajo en su comida, los aminoácidos en la alimentación y los jugos verdes como parte de la hidratación diaria. (7)

Ahora bien, desde mi perspectiva y experiencia terapéutica añadiría a la recomendación de la Sociedad Latinoamericana de Fitoterapia para el tratamiento del coronavirus, incluir dentro del protocolo lo siguiente:

1) El consumo de cebolla *(Allium cepa)*. Las cebollas han sido desde tiempos antiguos alimentos medicinales, y la verdad es que lo son, ya que tienen propiedades que van desde las antivirales, antifúngicas, antibacteriales, hasta protectoras de enfermedades cardio vasculares, canceres entre otras. Se ha popularizado una **carta que cuenta la experiencia de un agricultor y la gripe de 1919,** el artículo afirma que **la gripe mató a 40 millones de personas**. Efectivamente existió una **pandemia de gripe** entre 1918-1919, con una gran mortalidad, siendo la cebolla el remedio para tal pandemia. Todo esto debido a que la quercetina de la cebolla tiene un beneficio concreto: *refuerza el sistema inmune.*

El consumo debe realizarse a diario en varias presentaciones: ***una, de forma cruda***, en ensaladas, y aliños de esta forma puede ser fácilmente consumida por toda la familia sin mayor impacto por su sabor. En el caso de los licuados para los más valientes, media cebolla cruda, en medio vaso con agua, dejar reposar de una noche y al día siguiente, licuar el contenido del vaso y tomar inmediatamente, este remedio se hará de esta manera solo por tres días. Dos, de forma cocida, en té o cocimiento de cebolla, de preferencia morada pero la blanca también sirve. Un par de tacitas día, por 15 días serán suficientes, para lo cual un par de rebanadas en dos tazas de agua serán lo recomendable.

2) El uso del eucalipto *(Eucalyptus)*. Dentro de las propiedades del eucalipto tenemos las de fortalecer el sistema inmunológico, además de potenciar en buena lid nuestras vías respiratorias, así que incorporar los beneficios del eucalipto a nuestras casas durante el control mundial del coronavirus puede dar un valor agregado a nuestra salud y la de nuestros familiares, incluso pudiendo ser utilizado en centros de salud. Dentro de los beneficios del eucalipto tenemos: el cooperar con la eliminación de síntoma de gripe y resfriados; en procesos virales como el coronavirus; como antiséptico y desinfectante; descongestiona los pulmones consumido en infusión, en baños y cataplasmas; favorece al sistema inmune, estimulándolo y finalmente como vaporizador ya que ayuda a respirar mejor porque es sus excelentes propiedades desinflamatorias.

Su incorporación se puede entonces hacer de la siguiente manera;

-<u>En vaporizaciones de eucalipto</u>, para lo cual puede tomar una olla y poner a hervir un manojo de eucalipto con un punto de sal. Y al hervir tapar y llevar al dormitorio correspondiente. Permitiendo aspirar ese vapor caliente dentro de la habitación.

-En infusiones para lo cual, se pone a hervir por dos tazas de agua, unas tres hojitas de eucalipto, al hervir, se tapa y luego se sirve para ser consumido tibio, puede ser endulzado o no.

-En la limpieza del hogar. Hierva en una olla grande unos 5 litros de agua con un manojo grande de eucalipto, debe quedar bien concentrado, al enfriar colóquelo en un envase para que pueda limpiar con él, puede agregar un par de tapas de vinagre, cloro o incluso un par de cucharadas de agua oxigenada. Este potente liquido puede ahora ayudarte a desinfectar todas las áreas de tu hogar, oficina o sitio de estadía. Pues coletear libremente con él, limpiar paredes y superficies, potenciara el efecto antibacterial y desinfectante.

-En cataplasmas. Para pacientes de avanzada edad, embarazada e incluso niños, un par de cataplasmas de eucalipto pueden ser muy beneficiosas. Tome un par de manojos, hiérvalos en muy poca agua y cuando estén un poco más suaves, colóquelos tibios por sobre la espalda de la persona y encima del pecho. Procure tener una fomentera caliente para que los vapores puedan ingresar y liberar las vías respiratorias. Puede colocarlo tanto en el paciente acostado boca abajo, como boca arriba, no hay limitante de la posición ni la edad.

-En almohadillas. Separe las hojas de eucalipto de los tallos, y colóquelas dentro de las almohadas, luego de picarlas y hacerlas mucho más pequeñas para hacer más cómodo el roce con la piel, coloque doble funda. Dormir con el olor del eucalipto puede alejar la presencia de hongos, virus y bacterias cercanos a usted y los suyos.

3) El uso del jengibre *(Zingiber officinale)*. Si bien, se ha discutido mucho sobre la eficacia del jengibre en el control del coronavirus, aludiendo a que los chinos consumen altas cantidades de jengibre en su dieta y no pudieron frenarlo, podemos aportar que el jengibre posee una propiedad Fitoterapéutica digna de incorporar. En culturas más occidentales que no se acostumbra tanto su consumo usual, puede aportar efectos significativos en el control de las flemas y en el aumento de la temperatura corporal y la combustión de hongos, virus y bacterias.

El modo de consumo en que recomiendo el jengibre es en infusiones con yerbabuena y limón, tomarlo *a temperatura ambiente*, no frio ni caliente, con la opción de poder refrescar el organismo y a la vez, fortalecer el sistema inmunológico. Otra de las formas en que recomiendo y utilizo el jengibre en estas épocas de virosis, es como *ingrediente agregado a las sopas*. Prepare su sopa de forma habitual y agregue como parte de los ingredientes un par y conchitas o rodajas pequeñas de jengibre. Si tolera al gusto, o si gusta de alimentos picantes, puede rallar una pequeña porción y agregarlo como ingrediente final, antes de consumirlo. De este modo potenciará, el efecto de esta raíz. Aclaro igualmente que, durante época de virosis, y ahora más en coronavirus, el consumo de caldos, sopas y líquidos calientes debe hacerse con cierta frecuencia para expulsar los vientos patógenos del ambiente, según la Medicina Tradicional China, un caldo cada dos días es lo recomendable.

4) **El uso de las terapias florales**. Si bien el sistema floral más conocido es el Sistema del Dr. Eduard Bach, a nivel mundial, múltiples científicos han continuado el legado de Nicola Tesla en el estudio de la vibración y la cualidad de las flores al absorber esa cualidad del sol y proveerla a quien la ingiere.

En este sentido, durante otras pandemias se han recomendado ampliamente el uso de estas terapias florales para hacer frente a epidemias virales. Se especifican entonces las siguientes tinturas florales: Crab Apple como antibiótico floral / Gorse para subir y mejorar las defensas del organismo / Holly como el gran catalizador y de equilibrio emocional / Rock Rose para estados de shock o pánico / Cherry plum para la pérdida de control o control excesivo, obsesiones patológicas / Red chesnut para calmar ante los estados de histeria colectiva / Mimulus para fobias y nerviosismo / Aspen para miedos de todo e imprecisos / Chicory cuando se teme perder algo o a alguien / Rescue Remedy en casos de emergencia como remedio de elección.

En este sentido y de acuerdo al grado de concentración que tienen las tinturas florales y su resonancia vibratoria geográfica el Sistema Floral Venezolano de Valeriano Sánchez, representa una adecuada opción para contrarrestar este tipo de padecimientos, es por ello que, a mí como terapeuta por experiencia, me agrada mucho más este último sistema floral.

Como Fórmula recomendaría F2 sistema floral de 16 tinturas madres, diseñado para el rejuvenecimiento y fortalecimiento de estructuras físicas y la regeneración energética de las mismas. 4 gotas 4 veces al día serán suficiente para lograr los efectos deseados.

Otra fórmula floral muy efectiva para padecimientos respiratorios, la cual en mi experiencia ha demostrado un efecto sinigual en pacientes con eficiencia respiratoria es F3, con la cual, se pueden trabajar estructuras físicas y emocionales que pueden bloquear este tracto respiratorio.

4 gotas 4 veces al día serán suficiente para lograr los efectos deseados.

El mismo modo, el reciente mes de marzo del 2020, el preciado científico público en sus redes sociales, una combinación floral para potenciar la energía vital, en caso de convalecencia y fortalecimiento del sistema inmunológico compuesta de: Melaleuco, Sábila, Merey, Gota Roja, Rosana y Zinnia, a razón de 4 gotas, 4 veces al día por 21 días. Formulación e indicación que personal y profesionalmente comparto y recomiendo.

Quelación con vitamina C y coronavirus.

Laila Ahmadi, una supuesta "estudiante de la Facultad de Ciencias Médicas de la Universidad de Zanjan en China" hizo circular un mensaje de audio por las redes sociales, el cual, a los pocos minutos se hizo viral, el 27 de marzo del 2020. En él, la mujer sugiere que la vitamina C y el limón sirven para curar el Coronavirus. El audio se transformó en texto y también circuló en otros países, causando gran revuelo en tiendas y supermercados por la compra de frutas cítricas, las cuales de un día para otro triplicaron su precio en algunos casos. (1)

De acuerdo con **los Centros para el Control y Prevención de Enfermedades (CDC)**, por sus siglas en inglés) de los Estados Unidos, tomar suplementos de vitamina C regularmente reduce el riesgo de contraer un resfriado entre las personas que realizan ejercicio físico intenso, pero no en la población general. *"Tomar vitamina C de manera regular puede provocar resfriados más* *cortos, pero tomarlo solo después de que comienza un resfriado no"*, explica el Centro en su página web.

"No hay suplementos específicos que ayuden a proteger contra el coronavirus y cualquier persona que afirme eso será investigada por la FTC [Comisión Federal de Comercio] y la FDA [Administración de Alimentos y Medicamentos]", afirmó Melissa Majumdar, dietista registrada y portavoz de la Academia de Nutrición y Dietética."

La vitamina C aumenta los niveles sanguíneos de anticuerpos y ayuda a diferenciar los linfocitos (glóbulos blancos), lo que ayuda al cuerpo a determinar qué tipo de protección se necesita, explicó Majumdar. Algunas investigaciones han sugerido que niveles más altos de vitamina C (al menos 200 miligramos) pueden reducir ligeramente la duración de los síntomas del resfriado. Por tanto, puedes consumir fácilmente 200 miligramos de vitamina C de una combinación de alimentos como naranjas, toronjas, kiwi, fresas, coles de Bruselas, pimientos rojos y verdes, brócoli, repollo cocido y coliflor. (2)

Mientras tanto, en los Estados Unidos de América, Nueva York el estado más castigado por el coronavirus para el 27 de marzo del 2020 con más de 37,000 casos y 385 muertes, se lleva a cabo un tratamiento alternativo, originado en China para tratar a pacientes críticos del COVID-19: la aplicación de la vitamina C vía intravenosa. Al parecer ha tenido éxito. El Dr. Andrew G. Weber, que trabaja en Long Island, comentó al *New York Post* que han administrado a pacientes en terapia intensiva altas cantidades de vitamina C, basados en la evidencia conseguida en Shanghai y Wuhan por el uso de tratamientos similares.

La cantidad inyectada son 1,500 miligramos, 16 veces más que el límite recomendado diario por las autoridades de salud de la OMS, que es de 90 miligramos para hombres y 75 para mujeres, hasta cuatro veces al día. Los pacientes de coronavirus ven disminuir sus niveles de esta vitamina al presentar sepsis, que es una inflamación que se presenta como reacción a la infección del COVID-19. (3)

"Los pacientes que reciben vitamina C mejoraron significativamente más que los que no recibieron. Ayuda bastante, pero no es tan llamativo por no ser una droga tan sexy", dijo el Dr. Weber. La inyección se incluye junto a otros medicamentos, como la combinación de

azitromicina y hidrocloroquina. (2) Incluso ha dado tan buenos resultados que el actual Presiente de los EUA Donald Trump, tuiteó al respecto como un tratamiento: *"que cambia las cosas"*.

El 28 de marzo del 2020 se realizó una videoconferencia en Shanghai entre el Dr. Richard Cheng, Jefe del Servicio de Urgencias Médicas del Hospital de Ruijin de la Universidad de Joatong en Shanghai, uno de los hospitales más importantes de China, y el Dr. Mao, miembro del grupo de expertos sobre la infección de coronavirus en China y coautor del consenso de expertos para el tratamiento del COVID-19, en la cual señalaron que se trataron a 50 pacientes con coronavirus, con vitamina C vía intravenosa a altas dosis, referida por estos especialistas entre 10 a 20 gramos por tratamiento. En los casos con síntomas moderados se dieron dosis de 10 gramos en infusión endovenosa, cada dosis en un periodo de 8 a 10 horas y en los casos más graves y con síntomas más severos, la dosis fue de 20 gramos distribuidos en dosis en igual, en la misma cantidad de tiempo.

"De los 50 casos de COVID-19 con síntomas moderados a severos tratados bajo este protocolo ninguno murió, todos se

recuperaron y el Dr. Mao y su equipo pudieron evidenciar la rápida recuperación de estos pacientes tratados con vitamina C a altas dosis por vía intravenosa".

Aunque los datos como estudio final aún están analizándose, es evidente la recuperación satisfactoria y rápida, de estos pacientes sometidos al protocolo del Dr. Mao y ellos han comprobado que pueden recuperarse más rápidamente. El tiempo medio de estancia de estos 50 pacientes en el hospital fueron de 3 a 5 días menos que el resto de los pacientes con COVID-19, es así como, el tiempo de estancia de estos pacientes en el hospital paso de ser 30 días, como media general a 25 días o menos en el caso de los tratados bajo el protocolo de altas dosis de vitamina C vía intravenosa.

El Dr. Richard Cheng, refiere que actualmente en Shanghai, hay alrededor de unos 360 pacientes confirmados con COVID-19 y 50 de ellos fueron tratados bajo este protocolo, de los cuales, dos casos llamaron la atención del Dr. Mao, uno de ellos, se estaba deteriorando rápidamente, utilizaron primero el índice de oxigenación para medir la función respiratoria, se decidió darle a este paciente un total de 50 gramos de vitamina C endovenosa en un periodo de 4 horas. Afirma que mientras le estaban dando esta infusión la función respiratoria mejoró considerablemente y a los pocos días, este paciente mejoró y fue dado de alta. (2)

"Otra característica de la infección por COVID-19 es el aumento de la coagulación de la sangre, en estos casos se administraba heparina asociada a la vitamina C como soporte para estos pacientes"

En otra entrevista realizada al Dr. Sheng Wang, catedrático experto de Medicina Intensiva de la Universidad de Tongji en Shanghai y también miembro del equipo de expertos para el tratamiento del COVID-19, reafirmaba y respaldaba las declaraciones del Dr. Mao. Ambos se conocen hace tiempo por el uso de altas dosis de vitamina C en pacientes críticos. Según su perspectiva el Dr. Wang apunta a tres conclusiones: **la primera** es que la vitamina C a altas dosis ayuda a la recuperación de los pacientes infectados con COVID-19; **la segunda** es el alto porcentaje de coagulación de la sangre que se produce en pacientes infectados por el COVID-19, lo que asegura que, de los casos estudiados, un 40% presentó sintomatología con infestación de moderada a severa y de un 15 a 20% de los casos con sintomatología leve. (2)

Por ende, es importante detectar estos casos y tomar las medidas necesarias a tiempo.

El tercer y último punto destacado como conclusión del Dr. Wang es que el COVID-19 como infección es altamente contagioso, y, por ende, el personal sanitario debe extremar medidas de protección y dentro de los síntomas que han presentado algunos trabajadores sanitarios, se tiene rápido deterioro y distrés respiratorio, requiriendo una entubación. (2)

Ahora bien, desde mi experiencia terapéutica y perspectiva añadiría a la recomendación del Dr. Mao, incluir dentro del protocolo lo siguiente:

1) Dado que los costos de la aplicación de esta terapia son elevados en cualquier país del mundo, es recomendable tomar ciertas consideraciones, la primera, sin duda alguna es que esta terapia debe ser indicada y monitoreada por un especialista de la salud, con experiencia en nutrición ortomolecular y quelaciones con vitamina C. Y la segunda es, el número de sesiones que una persona puede o debe colocarse, así como, la combinación de esta terapia con otras.

"A mis consideraciones, todos debiéramos colocarnos vitamina C endovenosa en algún momento de nuestra vida, a causa de los múltiples beneficios que promueve a nuestra salud y es que muchos creen que la vitamina C, solo sirve para detener resfriados, cuando en realidad, es el complemento que garantiza nuestro buen funcionamiento y nuestra capacidad de regenerar tejidos y estructuras: es el elixir de la juventud"

La colocación solo de vitamina C puede ayudar, pero según mi experiencia, la recomendación es añadir al fluido intravenosos una ampolla de complejo B. *A razón de un gramo de Vitamina C y una ampolla de complejo B por cada 500 cc de solución isotónica al 0,9% por goteo constante a una duración de 3 horas por cada 500cc. Dependiendo del grado de severidad, suministrar de una a dos botellas de 500cc de solución por día, no más.* Es importante señalar que este tratamiento no previene totalmente, ni ayuda a la regeneración de los tejidos y estructuras afectados por el COVID-19 pero coadyuva en fortalecer el sistema inmunológico.

Recordemos que el complejo B, es un conjunto de ocho vitaminas esenciales para estructurar y reforzar el funcionamiento del ADN, regular el desempeño del cuerpo, la utilización de energía, mejorar el tono muscular, interviene positivamente en el sistema nervioso y previene lesiones diversas en piel y mucosas. Sus principales aplicaciones son: Neuritis, un padecimiento que consiste en la inflamación de las terminaciones nerviosas y que afecta a los músculos produciendo dolor y degeneración. Diabetes Mellitus o tipo 2, para proporcionar la cantidad de glucosa que requiere el cerebro y aprovechar mejor la glucosa al convertirla en energía, para ayuda a regular los niveles de azúcar en la sangre mediante la producción de insulina. Anemias, por baja producción de glóbulos rojos en la médula ósea a falta de vitaminas, como por falta de Tiamina. También ayudan a producir hemoglobina y aprovechar el hierro. En el embarazo, para prevenir malformaciones en el feto, ayuda en el crecimiento y además disminuye las náuseas o el vómito. De esta forma la combinación de vitamina C y complejo B puede ayudar y sostener a pacientes con enfermedades asociadas al coronavirus como infección de base. (4)

El complejo B está contraindicado en individuos alérgicos a cualquiera de los componentes del complejo y en casos de poliglobulia, policitemia severa, mientras que la vitamina C, en dosis altas intravenosas de vitamina C causaron muy pocos efectos secundarios en los ensayos clínicos. Sin embargo, es posible que la vitamina C intravenosa cause efectos secundarios graves en pacientes con enfermedad del riñón, deficiencia de G6PD o hemocromatosis, por lo cual en estos casos no se recomiendan dosis superiores a los 2 gramos/día.

Terapias holísticas en cuarentena y coronavirus.

1) Baños de sol en casa durante la cuarentena, según Mary Rondón.

Los antiguos sistemas médicos egipcio, griego y ayurveda prescribían el baño solar como remedio por sus inmensas propiedades preventivas y curativas. La helioterapia, más recientemente conocida como fototerapia, ha sido una herramienta terapéutica para las más diversas patologías. En el siglo XIX era común que los médicos recomendaran los baños de sol para tratar las enfermedades infecciosas, principalmente las respiratorias, como la tuberculosis, también, las heridas, y otras afecciones cutáneas, la anemia, la gota, y por supuesto, el raquitismo. Incluso la medicina siguió usándola hasta bien entrado, el siglo XX, en plena era científica.

El medico danés, Niels Ryberg Finsen, galardonado con el premio Nobel en 1903, es mundialmente reconocido por describir la actividad biológica de la luz solar. Conocimiento que plasmó en su obra *"El efecto de la luz sobre el organismo vivo"* descubrió *el poder germicida de la radiación ultravioleta y sus efectos estimulantes.* Asimismo, desarrolló una lámpara para el tratamiento del lupus tuberculoso y otras enfermedades de la piel. (9)

El Sol, dador de la Vida... El Sol, como es el centro del sistema solar, es reconocido por todos como el dador de la vida física, aun cuando no se crea en nada supra físico, y es patente para cualquiera como resultado de su observación personal que el rayo horizontal del Sol de la mañana nos afecta diferentemente del rayo perpendicular solar del mediodía y que los rayos del verano llevan una fuerza, de vida que no solamente hace se manifieste el verdor sobre los campos, sino que también afecta al temperamento humano y nos dota de una energía vital, coraje y un espíritu de esperanza, desconocido en los meses invernales tristes y obscuros. Esta tristeza es notada permanentemente en el temperamento de las personas que viven en el extremo Norte, donde la ausencia de la Luz y del Sol hace que la lucha por la vida sea muy dura embotando la alegría del espíritu, mientras que en los países en que hay abundancia de luz solar hace que se disminuyan los cuidados por la existencia y el temperamento es consiguientemente vivaz, esperanzado y soleado.

Durante unos 20 minutos, a diario entre las 8am y las 10am, tomar sol, de forma controlada incluso teniendo la ropa puesta permitiendo calentar nuestra espalda. Podrás, notar la diferencia y los efectos de forma inmediata, tanto a nivel corporal, como humoral teniendo un cambio repentino en tu accionar. En caso de no tener acceso a disfrutar de un baño de sol, puedes realizar masajes enérgicos en la palma de las manos y la planta de los pies, a fin de activar la circulación y mejorar la respuesta inmunitaria del organismo, ya que, tanto en las manos como en los pies, existen microsistemas altamente efectivos a la estimulación.

2) Alimentación y cuarentena por coronavirus, según Mary Rondón.

La naturaleza es sabia y si en estos momentos todo se está volcando al origen y a lo natural, la alimentación no debe ser la excepción.

En el control del peso de forma natural durante la cuarentena, sin caer en las rigurosidades de la autofagia como principio japonés, pero tampoco en el occidentalismo de las 3 comidas, más merienda y colación, es necesario hacer ciertos ajustes.

Analicemos juntos... Si estás de reposo en casa, tu aporte calórico debe variar ya que la combustión disminuye, tu gasto calórico no es el mismo. Así te hagas un calendario de entrenamiento aeróbico, la ansiedad puede llevarte a consumir alimentos que NO están dentro de tu rutina alimentaria y, por ende, a sumar aportes calóricos no previstos a diario. Y es que los dulces son, sin duda alguna el alimento con la mayor capacidad de impulsar la serotonina y la calma.

Sin quererlo de un momento a otro sometido al encierro, a la convivencia obligada con personas de tu familia, al sentido de perdida y tu ritmo de vida, tu ritmo laboral e incluso al sentir tambalearse tu equilibrio económico, puede generar cargas de estrés y ansiedad muy elevadas, las cuales como respuesta inmediata buscaran consumir algún tipo de alimento que "llene ese vacío" ese sentido de "perdida" que se manifiesta a nivel inconsciente.

Al consumir carbohidratos por efecto bioquímico, las dopaminas harán su efecto y calmarán la ansiedad, pero, solo por un par de horas, luego, ocurre el efecto rebote al no ser "consumidas" ni "quemadas" esa sobrecarga de energía, pudiendo incluso propiciar cuadros de mayor angustia, ansiedad y pánico. De ahí, que muchas personas, con trastornos alimenticios son las que sienten mayor desesperación con el encierro que supone la cuarentena, tal como si se tratara de un paciente con trastornos mentales tratado con neuro bloqueantes o ansiolíticos. *Entonces, a menor actividad, menor consumo.*

Es probable, que, por tu constitución física y tu ritmo en casa, que no requieras 3 comidas ni meriendas, quizás con 2 comidas bien balanceadas, y aumentando los vegetales, las frutas y los líquidos, será suficiente para hallar el balance que necesitas.

Bien, pero además de ello ya los aforismos de Hipócrates nos indicaban que el alimento puede ser tu medicina... Crisis, Estrés, Ansiedad, Miedo a morir, Angustia…

El alimento puede ayudarte. El consumo de frutas y vegetales durante las primeras horas de la mañana no solo desintoxicará tu organismo a nivel físico, sino que además te dará una inyección de buena vibra, de energía, de esperanza de vitalidad, disminuyendo considerablemente los ataques de pánico, ira, incertidumbre y hasta cuadros depresivos, propios del encierro por la alargada cuarentena.

Es el secreto mejor guardado de los veganos y vegetarianos, una alimentación basada en alimentos naturales granos y verduras, vegetales a granel, lo cual según la Medicina Tradicional China y la Ayurveda confiere calma y quietud por ser alimentos con mayor proporción de cualidad yin.

Entonces, si en este período de cuarentena te sientes apagado, desganado, encerrado, perdiendo tiempo, dinero, negocios, vida... Consume frutas frescas en las mañanas y reconéctate con la fuerza, el poder y la sabiduría de la naturaleza. Puede ser cualquier tipo de fruta al que puedas tener acceso de tiendas cercanas. Mientras más alejado te mantengas el consumo de productos industrializados, excesos de azucares y harinas, podrás revitalizar tu energía, equilibrar tu Qi, potenciar tu sistema inmunológico y sobrellevar mejor el tiempo de cuarentena.

3) Punto de Digitopresión de emergencia para reanimación, según Mary Rondón.

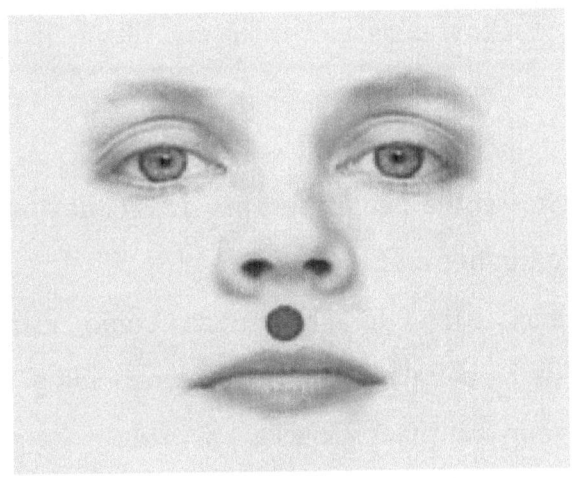

Figura 1

En el protocolo de la Medicina Tradicional China existen ciertos puntos estratégicos para procurar la reanimación del organismo. Estar en casa y en cuarentena, puede generarte un estrés y ansiedad al no saber cómo proceder en caso de una emergencia. Uno de los puntos de color rojo estratégicos del triángulo vital de reanimación, se muestra en la figura 1. Este punto, ante un desmayo, convulsión o pérdida del conocimiento puede cooperar en la reanimación de la persona afectada. Claro está, no sustituye ningún tipo de atención médica, al contrario, procura ganar tiempo mientras se llega al centro asistencial. Presionando fuertemente con el dedo en esa área y dando firmes círculos concéntricos puedes, brindar un primer auxilio efectivo, mientras, llega la ayuda médica.

2) La Cuarentena como terapia de reconexión, según Enric Corbera. (13)

En el año 2016, la Cuarentena como estrategia terapéutica de renacimiento fue muy reconocida y puesta en práctica por múltiples Coaches de vida y de pareja, según una publicación del Instituto Enric Corbera, en ese año nos indicaba que lo siguiente:

La simbología de la cuarentena ha sido la gran ciencia de la antigüedad. Antes de que el hombre aprendiera a comunicarse con palabras, compartía conocimientos a través de dibujos o imágenes. El número 40, simbólicamente, representa el "cambio", de un período a otro, los años de una generación a otra. En la tradición cristiana existen numerosas referencias a esta cifra: el diluvio universal dura 40 días con sus 40 noches pues simboliza el cambio hacia una nueva humanidad; Moisés deambuló 40 años por el desierto hasta llegar a la tierra prometida; Jesús fue llevado al templo a los cuarenta días, el tiempo que fue tentado en el desierto; la Cuaresma son los 40 días antes de Pascua que culmina en la Resurrección. Hay infinidad de referencias a este periodo de tiempo. Como medida sanitaria se empezó a usar en Venecia (año 1348) para aislar a la población y evitar la propagación de plagas. A partir de ahí, además de fines sanitarios, los cuarenta días se han utilizado como símbolo de readaptación con múltiples aplicaciones:

"Los astronautas cuando regresan del espacio son puestos en cuarentena; los alpinistas antes de ascender a altitudes importantes pasan un periodo de entre 30 y 50 días de adaptación; 40 días de media es lo que tarda en soldar una fractura de hueso; 40 días es el periodo de peuperio, el tiempo que necesita una mujer después de dar a luz, después de 40 semanas de gestación. En medicina china este mismo periodo de puerperio se conoce como zuo yue zi (坐月子) y se da especial importancia al reposo." (13)

En la rama de medicina Qi Gong (en español pronunciamos Chi Kung) en numerosas ocasiones se aísla al enfermo de su ambiente habitual (familia, amigos, teléfono móvil, trabajo, noticias de su círculo más cercano, etc.) durante al menos 40 días para crear las condiciones propicias y que pueda recuperar el equilibrio de energías que favorecerán su curación. En una consulta en

Bioneuroemoción el acompañante guía al consultante para encontrar las causas emocionales de sus conflictos y las relaciona con los programas inconscientes de su árbol genealógico.

El objetivo es la toma de conciencia que le va a permitir un cambio de percepción sobre su propia situación. La persona que toma conciencia comprende, que la situación que está viviendo es una experiencia que tiene la oportunidad de trascender. Comprende, que hay un resentimiento, una información que es necesario trascender.

Para trascender el primer paso es perdonar,
no buscar culpables sino entender que nadie es culpable.

En Bioneuroemoción entendemos que la curación del cuerpo siempre va acompañada de la curación de la mente y que el mejor escenario en el que la mente se puede curar es el del silencio y la paz interior. Cuando un acompañante sugiere un período de cuarentena a una persona que viene a consulta es para favorecer que las nuevas conexiones neuronales, posteriores a la toma de conciencia, se asienten y permitan asimilar la nueva información obtenida. (13)

La Cuarentena no es algo que la persona deba hacer para curarse. Es un período de descanso, de reposo, de desconexión para vivir un período de convalecencia. Durante la Cuarentena la persona se aísla de su entorno habitual, sea cual sea, para conectar con su propia coherencia.

"La Cuarentena es un tiempo de regeneración que le va a permitir
decidir cómo quiere vivir su vida a partir de ese momento". (13)

1)Tiempo de renacimiento. Reflexiones, según Mary Rondón.
Reflexión 1:
¿Qué eres??
Un Faro de Luz
Tarde o temprano lo recordarás...
Ser de Luz eres y en eso te convertirás...

¿Quién te recarga??
La Divinidad

¿Cuál es tu misión??
Irradiar la Luz Divina en este plano y experimentar el amor en todas sus formas.

La Divinidad cuenta contigo para llevar a cabo esta tarea, pero antes debes demostrar que puedes con esa misión.

¿Qué debes hacer??
Una revisión profunda de ti mismo, tu funcionamiento, tu entorno, tus cimientos...
Sólo cuando estés listo podrás asumir la misión...
Pero resulta ser, que en este momento la Divinidad requiere de ti...
¡De todos!

Para ello te han otorgado un tiempo, y ponerte a tono ¿cuál?
Esta "cuarentena"
O acaso recuerdas algún otro evento en el que todo el mundo se vea obligado a verse desde "adentro".

No desperdicies está oportunidad...

Otros, no la tuvieron.

Llama

Reconcíliate

Llora

Saca el dolor de ti

Limpia tus emociones

Libera los sentimientos

Ama con locura

Declárate

Sonríe

Canta

Sé quién siempre has querido ser...

Sé libre, para que la energía del Creador fluya cual torrente en ti y la Luz sea contigo, para tu bien y el de todos!

¡Es ahora o nunca!

Reflexión 2:

El Tao dice que "la no acción ES una acción"

¡Qué empeño en querer hacer en cuarentena lo que no hiciste antes...

Es un desespero por hacer y procurar que otros hagan...
Foros, talleres, reuniones, webinars, ventas, chats, incrementando ingresos, buscando clientes, dando cursos...

Así, sólo se alargará más el tiempo.

Comprende, que es momento de introspección.
Es momento de quietud...
Es momento de meditación...
Es momento de reconciliación...
Es momento de lectura...
Es momento de dibujar, pintar y crear en armonía con el cuerpo, la mente y el alma...

Es momento de SER no de parecer...
El tiempo se detuvo para que puedas ponerte en primer lugar, y en cambio te andas distrayendo volcándote hacia afuera...

"Antes de salvar al Mundo, date tres vueltas por casa".

¿Seguro que ya tienes todo en orden en tu espacio, obra, mundo y ser que andas queriendo influir en otros?

Este tiempo es para ti...

¡Disfrútalo!
¡Saboréalo!
¡Gózalo!
¡Crece!
¡Evoluciona!
Trasciende…

2) Limpieza energética y ajuste de la malla electromagnética, según Mary Rondón.

Así como, el planeta está mostrando beneficios de limpieza generalizada y renovación de sus ecosistemas con este período de cuarentena a nivel personal, está ocurriendo lo mismo. De esa forma debemos comprender que como *"seres energía"* que somos, pues esa renovación tiene un efecto inmediato y proporcional en cada uno de nosotros.

Si bien, la existencia el COVID-19 es cierta y está cobrando muchas vidas, debemos analizar cuál es la base de este contagio, principalmente, ya luego de conocerse la pandemia, es la irracionalidad, la que ha hecho que se propagara con la magnitud avasallante que ha tenido. El no respetar las recomendaciones de higiene y aislamiento dadas. ¿Y acaso ese irrespeto, no es el que nos ha convertido en los mayores depredadores de nuestra propia casa, el planeta Tierra? Igualmente, que el planeta decidió quitarse esa pesadumbre de encima y purificarse, poner todo en orden y permitir su regeneración, por consiguiente, nosotros debemos hacer lo mismo.

"Así es que, muchos sanadores recomiendan, hacer períodos de ayuno para liberar toxinas, así como también acceder de forma consciente a baños medicinales a fin de liberar de impurezas y limpiar nuestra malla electromagnética, y permitir la apertura a nuevas y mejores experiencias".

Un baño medicinal no es más, que un baño realizado con el agua de varias ramas hervidas y luego durante el baño habitual, se coloca ese líquido sobre nuestro cuerpo con masajes depuradores y activadores de la circulación. Algunas de las plantas que están recomendadas, ahora son: el laurel, el romero, la ruda, la albahaca y el bledo. Potentes frutos herbales de la naturaleza los cuales pueden liberar al cuerpo de esa pesadez que muchas veces te impide ver y pensar con claridad. Cabe destacar que la recomendación es, para personas sanas o con sintomatología leve, realizarse baños durante 7 días continuos, con una o varias de las plantas indicadas. Es uno de los pasos indispensable para a nivel físico, poner en orden nuestra conexión con lo sutil.

3) La Meditación como terapia del estrés causado por el brote de COVID-19.

La **adrenalina** es la hormona del estrés, y es considerada de esa forma porque aumenta la frecuencia cardíaca, eleva la presión arterial y aumenta los suministros de energía. El cortisol, la principal **hormona del estrés**, aumenta los azúcares (glucosa) en el torrente sanguíneo, mejora el uso de glucosa en el cerebro y aumenta la disponibilidad de sustancias que reparan los tejidos. Considerada por la comunidad científica como la **hormona** del **estrés**, nuestro cuerpo la produce ante situaciones de tensión para ayudarnos a enfrentarlas y en esta época de noticias y sobresaltos por la pandemia del COVID19 toda la población del mundo está experimentando estos síntomas y pueden ser estos un verdadero agravante para el control del brote.

El Manual de orientación para la salud mental durante el brote de NCP (ahora Covid-19) es el primer libro en inglés en asesoramiento sobre salud mental durante la prevención y el control de epidemias.

Los lectores pueden tener acceso al libro de forma gratuita, tanto en el formato en "papel" como como las versiones en línea, e -libro y audiolibro. (15)

El manual de orientación detalla sobre las etapas de respuesta al estrés psicológico, comprendidas por los estados de alarma, resistencia y agotamiento.

En estos procesos, el libro informa que, en el caso del primero, la respuesta normal es estar vigilantes y preparados; en el segundo, la respuesta es realizar tareas de forma eficiente; mientras que, en el tercero, la motivación positiva puede prevenir este estado y acelerar la recuperación.

También explica las respuestas comunes al estrés psicológico asociadas con la ansiedad ante el rápido esparcimiento de la información; el hipocondríaco, donde algunas personas pueden experimentar, debido a la ansiedad "enfermedades sospechosas" y los ataques de pánico como respuestas más intensas de estrés. (15)

La Organización Panamericana de la Salud, OPS, por su parte el 12 de marzo del 2020, publicó el documento **Consideraciones psicosociales y de salud mental durante el** brote de COVID-19, y dentro de las consideraciones que realizo se pueden enumerar:

a) No se refiera a las personas que tienen la enfermedad como "casos de COVID-19", las "víctimas", las "familias de COVID-19" o los "enfermos". Se trata de "personas que tienen COVID-19", "personas que están en tratamiento para COVID-19", "personas que se están recuperando de COVID-19"

b) Minimice el tiempo que dedica a mirar, leer o escuchar noticias que le causen ansiedad o angustia.

c) Busque información únicamente de fuentes confiables y principalmente sobre medidas prácticas que le ayuden a hacer planes de protección para usted y sus seres queridos.

d) Protéjase a usted mismo y brinde apoyo a otras personas.

e) Busque oportunidades de amplificar las historias e imágenes positivas y alentadoras de personas de su localidad que tuvieron COVID-19 y se recuperaron.

h) Reconozca la importancia de las personas que cuidan a otros y de los trabajadores de salud que se están ocupando de las personas con COVID-19 en su comunidad.

i) Ayude a los niños a encontrar maneras positivas de expresar sus sentimientos, como el temor y la tristeza.

j) En los períodos de estrés, preste atención a sus propias necesidades y sentimientos. Ocúpese de actividades saludables que le gusten y que encuentre relajantes, medite. Haga ejercicio regularmente, mantenga sus rutinas habituales de sueño y consuma alimentos saludables. (16)

Ejemplo de Ejercicio de Meditación, por Mary Rondón:

Siéntese cómodamente o recuéstese, según este mas cómodo y logre estar tranquilo. Tome una respiración, y repita...

inhalo calma, exhalo inseguridad

inhalo seguridad, exhalo enfermedad

inhalo salud, exhalo temor

Ahora, visualice como un rayo de luz blanca ingresa desde su coronilla y a su paso ingresa con fuerza, determinación y armonía, y llena, plena todo su cuerpo, relajando de un solo impulso músculos de la cara, el cuello, brazos, espalda, pecho, manos, abdomen, cadera, muslos, piernas, pantorrillas y pies.

Mírate, eres todo un tubo de luz.

Y decides asumir que esa luz, llene todos tus espacios, y experimentar la perfección. Entrégate a la perfección de la Divinidad Universal.

Eres solo, la luz blanca, que te llena de calma, serenidad, luz, seguridad, salud, bienestar, fortaleza y alegría... confía.

Solicita en este momento a tus guardianes que restablezcan tu malla electromagnética con el código originario universal. Y restablece la salud perfecta en ti. Nada que sea distinto a ese código originario de perfección en ti, puede manifestarse.

Siente en ti la perfección. Mira como todo lo que deseas en tu vida, espacio, mundo y ser se densifica al tiempo, al momento y en las condiciones correctas.

Respira.

Hoy, han pasado 5 años de la época más difícil que hayas pasado en tu vida, y estas a salvo… confía.

Respira esa confianza.

Y ahora vuelve al tiempo presente, y mantén en ti, esa certeza, de que esto también pasara y tu estarás siempre a salvo.

Bienvenido!

Para realizar diariamente, antes de dormir.

Acupuntura y coronavirus

Ahora bien, desde mi experiencia terapéutica y perspectiva añadiría a la recomendación de la presente guía, incluir dentro del protocolo lo siguiente (para la aplicación de terapeutas entrenados y certificados):

Acupuntura:

1) Para pacientes con síntomas leves a moderados: Calmar el Shen, Liberación e impotencia, tonificar yin de Pulmón. (2H, 3H, 9BP, 4VC, 17VC, 7MC, 7P, 5P, 1P, 3PC, Shen men auricular bilateral)

2) Para pacientes con sintomas moderados a graves: Reactivación canal VG-VC, Tonificación yin general (si el pulso es mayor a 77ppm) Regular centro y luz primordial (si el pulso es menor a 77ppm), cupla antiflema, cupla gastrocardíaca. (26VG, 6BP, 5MC, 12VC, 17VC, 6VC con moxa, 4VC, 36E, 4IG, 3BP, 40E, 6MC, 4BP)

3) En ambos casos, de forma alternada: 85PC bilateral, 9Vb, 20VG y 9R

Moxibustión:

Caja de moxa en IU, Shen y HUATO por 30 minutos. Interdiario por una semana. (Sitio ventilado, si no hay tos)

Moxibustión en IUC diario por 7 días.

Ventosaterapia:

Masaje activante con ventosas en espalda acompañar de sangría de 14VG, 1 IG y 11P

Ventosa fija en canal vertebral acompañada de moxa en 4VG

Terapia neural:

Descompresión y activación puntos tiroides, 20VG, timo y 4VC.

Masaje auricular y activación percusiva de meridianos.

Bibliografía

https://www.cancer.gov/espanol/cancer/tratamiento/mca/paciente/vitamina-c-pdq Instituto Nacional del Cáncer. Dosis altas de vitamina C (PDQ®)–Versión para pacientes

https://www.youtube.com/watch?v=GoaV9MuZMVg&fbclid=IwAR3pCVM2wEhBaovnR_k9NFqCNRIzuNwwfo74J2cdRJMeLwXVQT_FFetTfQo Médicos de China utilizan Vitamina C endovenosa para tratar Covid 19. Medicina Integrativa y Complementaria Canal You tube. 28 de marzo 2020.

https://us.marca.com/claro/mas-trending/2020/03/26/5e7d03f046163f246f8b4583.html Altas dosis de vitamina C, el tratamiento que está teniendo éxito en Nueva York contra el coronavirus 26 de marzo 2020.

https://accessmedicina.mhmedical.com/content.aspx?bookid=1552&sectionid=90369161 Complejo B: Vitaminas y minerales

https://www.infotechnology.com/online/El-metodo-de-la-vitamina-C-para-curar-el-coronavirus-que-circula-por-WhatsApp-por-que-es-peligroso-20200327-0008.html

El Método De La "Vitamina C" Para Curar El Coronavirus Que Circula Por Whatsapp: Por Qué Es Peligroso

https://andina.pe/agencia/noticia-coronavirus-estas-plantas-medicinales-ayudan-a-combatir-sintomas-esta-enfermedad-788182.aspx Coronavirus: estas plantas medicinales ayudan a combatir los síntomas de esta enfermedad 20 de marzo 2020

http://fitomedicina.org/esquema-preventivo-natural-frente-al-coronavirus-covid-19/ Esquema Preventivo Natural Frente Al Coronavirus Covid-19

https://espanol.medscape.com/verarticulo/5905153 La epidemiología del SARS proporciona claves sobre tratamiento potencial para COVID-19 29 de marzo el 2020

https://cnnespanol.cnn.com/2020/03/25/como-fortalecer-tu-inmunidad-frente-al-coronavirus-parte-1-dieta/ Coronavirus Cómo fortalecer tu inmunidad frente al coronavirus. Parte 1: dieta. 25 de marzo 2020.

https://www.youtube.com/watch?v=iLeuD0-mh-g Coronavirus Y Biomagnetismo 09 de marzo 2020.

https://rasayana.org/frecuencias-solfeggio.html Las Frecuencias Solfeggio 02 de octubre 2018.

https://www.youtube.com/watch?v=CfZ3cBG0r2U Terapia Resonancia Armónica - Dra. Fe Maria Vahlis. 31 de mayo de 2016

https://www.enriccorberainstitute.com/blog/la-cuarentena La Cuarentena. 31 de agosto de 2016.

"Pautas sobre el uso de acupuntura y moxibustión para tratar el COVID-19. Academia China de Acupuntura y Moxibustión. (Segunda Edición)". 19 de marzo del 2020

https://www.telesurtv.net/news/editorial-china-publica-manual-para-salud-mental-ante-coronavirus-20200316-0021.html ¿Sabes cómo evitar el estrés mental ante coronavirus?. 29 de marzo del 2020.

file:///C:/Users/N200/Downloads/smaps-coronavirus-es-final-17-mar-20.pdf Consideraciones psicosociales y de salud mental durante el brote de COVID-19 OPS. OMS.

Lu, Roujian y col. (2020). Genomic characterisation and epidemiology of 2019 novel coronavirus: implications for virus origins and receptor binding. *The Lancet* journals, vol. 395, Issue 10224, p-565-574.

Lipsitch, Marc y col. (2020). Defining the Epidemiology of Covid-19 — Studies Needed.

World Health Organization. (2020) Coronavirus disease 2019 (COVID-19) Situation Report: 69. March, 29. https://www.who.int/docs/default-source/coronaviruse/situation-reports/20200329-sitrep-69-covid-19.pdf?sfvrsn=8d6620fa_2

Adhikari, S., Meng, S., Wu, Y. y col. (2020). Epidemiología, causas, manifestación clínica y diagnóstico, prevención y control de la enfermedad por coronavirus (COVID-19) durante el período de brote temprano: una revisión del alcance. Infect Dis Poverty **9**, 29 https://doi.org/10.1186/s40249-020-00646-x

Huan-Tian Cui, Yu-Ting Li, Li-Ying Guo, et al. Traditional Chinese medicine for treatment of coronavirus disease 2019: a review. Traditional Medicine Research (2020), 5 (2): 65–73.

http://www.joseluis-lozano.com/el-secreto-de-las-7-leyes-universales/ El secreto de las siete leyes universales.

https://elpais.com/elpais/2015/08/31/ciencia/1441020979_017115.html ¿Qué hace la música en nuestro cerebro.? Argentina septiembre 2015.

www.ingramcontent.com/pod-product-compliance
Lightning Source LLC
Chambersburg PA
CBHW030940240526
45463CB00015B/851